KB185235

물리박사 김상욱의
수상한 연구실

저자소개

기획 김상욱

경희대학교 물리학과 교수. 예술을 사랑하고 미술관을 즐겨 찾는 '다정한 물리학자'. 카이스트에서 물리학으로 박사학위를 받았고, 독일 막스플랑크연구소 연구원, 도쿄대학교와 인스부르크대학교 방문교수 등을 역임했습니다. 주로 양자과학, 정보물리를 연구하며 70여 편의 SCI 논문을 게재했습니다.

글 김하연

프랑스 리옹3대학에서 현대문학을 공부했습니다. 어린이 잡지 <개똥이네 놀이터>에 장편동화를 연재하며 작품 활동을 시작했으며, 지금은 어린이와 청소년을 위한 글을 쓰고 있습니다. 쓴 책으로 동화 <소능력자들> 시리즈, <똥 학교는 싫어요!>, 청소년 소설 <시간을 건너는 집> 시리즈, <너만 모르는 진실>, <지명여중 추리소설 창작반>이 있습니다.

그림 정순규

자유로운 상상을 좋아하는 일러스트레이터. 고려대 생명과학부 졸업 후 좋아하는 일을 하기 위해 꿈을 찾아 그림을 그리기 시작했습니다. 부산 아웃도어미션 게임 <바다 위의 하늘 정원> 외 2개의 테마 그림 작업을 했습니다.

자문 강신철

과학 커뮤니케이터. 자연을 멍하니 바라보며 그 속의 진실을 찾아가는 과정을 좋아합니다. 알게 된 재밌는 이야기를 함께 나누는 것을 더욱 즐깁니다. 현재는 극단 <외계공작소>에서 과학과 인문학을 융합하는 과학 공연을 기획하고 있습니다. 서울대학교 물리교육과 박사과정을 수료하고 졸업을 향해 열심히 달려가고 있습니다.

어린이를 위한 세상의 모든 과학

기획 **김상욱** | 글 **김하연** | 그림 **정순규** | 자문 **강신철**

아울북

기획자의 글

물리를 알면 과학이 쉬워집니다.

어린 시절, 우리 모두 과학자였다면 믿으실 수 있나요? 땅속이 궁금해서 땅을 파보거나, 무지개 끝에 가보려고 하염없이 걸었거나, 장난감이 어떻게 작동하는지 궁금하여 분해해 본 적 있다면 여러분은 과학자였습니다. 어쩌면 과학자는 어린 시절의 흥미를 잃지 않고 간직한 사람인지도 모릅니다. 그렇다면 우리 어린이들이 과학에 대한 관심을 잃지 않도록 지켜야 하지 않을까요?

과학 중에서도 물리는 특별합니다. 오늘날 과학이라고 부르는 학문은 17세기 뉴턴의 물리학에서 시작되었다고 해도 과언은 아니기 때문이죠. 거칠게 말해서 현대과학은 물리의 언어와 개념을 사용하여 물리적 방법으로 수행되는 활동입니다. 화학에서 원자구조를 계산하고, 생명과학에서 에너지를 이야기하며, 전자공학에서 양자역학을 사용하고, 천문학에서 상대성이론을 적용하는 것처럼 말이죠. 물리는 모든 자연에 들어있는 가장 근본적인 원리를 다루는 학문이기 때문입니다. 따라서 물리를 모르면 과학을 이해하기 힘듭니다.

과학자가 되지 않으면 물리를 몰라도 될까요? 현대는 과학기술의 시대입니다. 지난 200여 년 동안 일어난 중요한 변화는 대개 과학기술의 결과물입니다. 지금은 과학기술 없이 단 한 순간도 살 수 없는 시대라는 뜻입니다. 이제 과학은 전문가들만의 지식이 아니라 현대를 살아가는 상식이자 교양이 되었습니다.

어린이들은 물리가 다루는 여러 어려운 주제에 대해 이미 잘 알고 있으며 심지어 좋아합니다. SF영화에 단골로 등장하는 블랙홀, 빅뱅, 타임머신, 순간이동, 투명망토, 원자폭탄, 평행우주 등이 그 예죠. 하지만, 막상 수학으로 무장한 교과서 물리를 만나면 흥미를 잃어버립니다. 물리를 제대로 이해하려면 결국 수학도 알아야 하지만, 교양으로서의 물리를 알기 위해 수학이 꼭 필요한 것은 아닙니다. 사실 물리학자에게도 엄밀한 수식보다 자연에 대한 직관적인 이해가 중요한 경우가 많습니다. 이렇듯 어린이들이 이미 가지고 있는 물리에 대한 호기심을 일깨우고, 제대로 된 지식을 알고 싶다는 동기를 불러일으키는 것이 더 중요하다고 생각합니다.

출간 제안을 받았을 때, 과학학습만화 시리즈를 틈틈이 읽던 저의 어린 시절이 떠올랐습니다. 공룡과 곤충 이야기에는 흠뻑 빠졌지만, 물리를 다룬 이야기는 지루했던 기억이 납니다. 당시 물리 이야기도 공룡이나 곤충처럼 재미있게 읽었다면 좀 더 일찍 물리학자의 꿈을 키울 수 있지 않았을까하는 상상도 해봅니다.

이 시리즈를 준비하며 저와 강신철 박사가 꼭 다뤄야 할 물리 개념을 정리했고, 그것을 바탕으로 김하연 작가가 어린이들이 정말 좋아할 이야기를 만들었습니다. 제가 등장하여 아이들과 미스터리를 풀어간다는 설정이 특히 마음에 드는데, 그 과정에서 중요한 물리 개념이 하나씩 등장하게 됩니다. 무엇보다 정순규 작가의 삽화가 너무 멋지고 사랑스러워서 더욱 몰입할 수 있을 거라고 기대합니다. 최선을 다해 만든 이 책을 읽고 많은 어린이들이 물리와 사랑에 빠지는 계기가 되길 기원합니다.

물리학자 김상욱

차례

등장인물 소개

김상욱 아저씨

'또만나 떡볶이'의 새 주인.

떡볶이 만드는 걸 물리보다 어려워하는 이상한 아저씨다. 어딘가 어설프고 어리바리해 보이지만, 떡볶이집에 엄청난 비밀을 숨겨놓은 것 같다.

태리

떡볶이 동아리 '매콤달콤'의 리더.

활발하고 솔직한 성격으로 친구들에게 인기가 많지만, 가끔은 지나친 솔직함으로 친구들을 난처하게 만들기도 한다.

해나

'매콤달콤'의 브레인.

웬만해선 손에서 책을 놓지 않는 만큼 잡다한 지식을 알고 있다. 하지만 고지식하고 시큰둥한 성격의 소유자다.

건우

자타공인 '매콤달콤'의 사고뭉치.

공부가 세상에서 제일 싫지만 그중에서도 싫어하는 과목은 수학과 과학. 가끔씩 기발한 아이디어로 모두를 깜짝 놀라게 한다.

레드

마두식 회장의 최측근 비서.

마 회장이 누구보다도 믿는 엘리트 부하.
냉철함과 뛰어난 판단력을 자랑한다.
고집불통인 마 회장도 레드의
말이라면 신뢰하고 따른다.

마두식
회장

엔진 제조 회사 '에너지킹'의 회장.

'에너지킹'에서 만든 초강력 신형 엔진 덕분에
하루아침에 부자가 되었다.
세계인의 영웅이라 불리지만
거대한 음모를 숨기고 있다.

이룩한
박사

'또만나 떡볶이'의 전 주인.

까칠한 성격 탓에
'또만나 떡볶이'가 인기를 잃어버리는 데
한몫한 장본인. 언제, 어디로, 어떻게
사라졌는지 아무도 모른다.

블랙&
화이트

마두식 회장의 부하 콤비.

마 회장이 하루에도 수십번씩 해고를
고민할 정도로 사고뭉치들이다. 어디로
튈지 모르는 성격에, 마 회장이 내린
지시를 까먹기 일쑤다.

벨라
요원

'이데아 수호 협회'의 요원.

겉으로는 까칠해 보이지만, 이데아를
잡는 데 필요한 준비물들을 가져다주는 등
김상욱 아저씨가 연락할 때마다
도움을 주러 등장한다.

또만나 떡볶이의 특별한 손님

점심때가 지난 오후. 가게를 홀로 지키던 김상욱 아저씨의 눈에는 졸음이 가득했다. 이 달콤한 여유도 오래가지는 않을 것이다. 학교 수업을 마친 아이들이 금세 재잘대며 들이닥칠 테니까.

아저씨의 눈이 스르르 감겼다. 지금까지 잡은 이데아들에 대한 뿌듯함과 더불어 앞으로 잡아야 할 이데아에 대한 걱정이 머릿속을 메웠지만, 아저씨는 결국 고개를 떨궜다. 그런데 아저씨의 코 고는 소리가 가게 밖까지 울려 퍼지기 직전, 낯선 소리가 짧은 휴식을 방해했다.

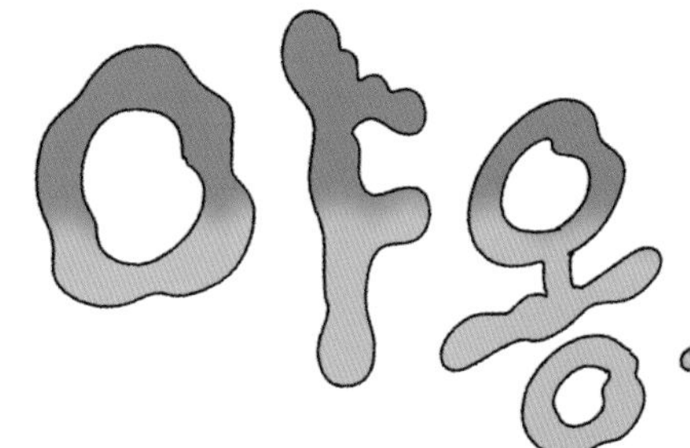

아저씨는 가게 안을 두리번거렸지만 그 어디에서도 고양이는 보이지 않았다. 다시 잠을 청하려던 그때, 이번에는 더 애처로운 울음소리가 들렸다.

"아이고, 귀찮아! 도대체 뭐야!"

가게 밖으로 나간 아저씨는 드디어 울음소리의 주인공을 발견했다.

줄무늬가 있는 노르스름한 털에 부스스한 헤어 스타일의 고양이가 가게 바깥에서 아저씨를 올려다보고 있었다. 고양이는 아저씨가 반가운지 계속 울어 댔지만 아저씨는 얼른 뒷걸음질 쳤다. 비쩍 마른 몸은 불쌍했지만 뾰족한 발톱에 도깨비 같은 눈을 가진 고양이들은 왠지 무섭고 기분 나쁘다.

아저씨는 손을 휘휘 내저었지만 고양이는 시끄럽게 울기만 했다. 간절한 표정을 보니 먹이를 주기 전까지는 꿈쩍도 안 할 모양새다. 아저씨는 난처한 얼굴로 조리대 위를 살폈다. 어묵탕도 튀김도 아직 만들지 못했으니 음식이라고는 떡볶이뿐이다. 아저씨는 어쩔 수 없이 떡볶이 몇 개를 그릇에 덜었다.

떡볶이도
먹으려나 모르겠네.
물끄럼
이것만 먹고 가!
알아들었니?
탁
탁
낼름
이번에도
맵게 됐나?
냐오옹
거참, 귀찮게 하네.
잠깐 기다려!
물 가져올게.

아저씨는 고양이에게 물을 갖다주었다. 새빨개진 혓바닥이 정신없이 물을 핥았다. 그때 등 뒤에서 느껴지는 싸한 기운에 아저씨는 고개를 돌렸다.

태리와 해나, 건우가 황당한 얼굴로 아저씨를 노려보고 있었다.

김상욱 아저씨는 억울했다. 고양이에게 낮잠을 방해받은 것도 억울한데 핀잔까지 들어야 한다니.

아저씨도 냅다 소리쳤다.

"과학자랑 고양이랑 무슨 상관인데!"

건우가 말했다.

"딱 봐도 1,000도는 될 것 같은데요?"

"넌 온도에 대한 개념이 전혀 없구나. 이래서야 과학자의 조수라고 할 수 있겠니? 기다려 봐."

아저씨는 기다란 은색 봉이 달린 온도계를 떡볶이 판 속에 집어넣었다. 온도계에 달린 작은 액정에 80℃라는 문자가 떠올랐다.

해나가 물었다.

"그건 또 언제 사셨어요?"

"튀김을 만들 때 기름 온도를 측정하려고 샀지. 이건 요리용 접촉식 온도계야."

"어쨌든 뜨거운 건 사실이잖아요. 차라리 튀김이나 어묵을 주지 그러셨어요."

"그건 아직 안 만들었어!"

건우가 아저씨의 얼굴 앞에 손바닥을 내밀었다.

"사 오면 되죠. 귀찮지만 가엾은 길고양이를 위해 이 몸이 희생할게요. 아저씨는 사룟값이나 주세요."

"안 돼. 한 번 먹이를 주면 습관이 돼서 계속 올 거야. 고양이는 딱 질색이라고!"

고양이를 흘겨보던 아저씨는 소름이 돋았다. 아이들이 뿜어내는 냉기에 주변 온도가 몇 도는 떨어진 것 같았다.

아이들은 바닥에 주저앉아 꼬깃꼬깃한 천 원짜리 지폐와 동전을 모으기 시작했다. 고양이는 아저씨와 아이들의 대화를 모두 알아들은 듯 야옹거리며 태리의 다리에 몸을 비볐다.

건우가 슬픈 한숨을 내뱉었다.

"인형 뽑기 기계에. 인형이 집게로 잡힐 듯 말 듯하면서 계속 떨어지는 거야! 짜증 나서 계속하다가 일주일치 용돈을 날려 버렸지."

태리가 고개를 좌우로 흔들며 지폐를 내밀었다.

"해나야, 나는 이천 원 낼 수 있어."

아이들의 처량한 모습을 보다 못한 김상욱 아저씨가 지갑에서 만 원짜리를 꺼냈다.

"얘들아, 알았으니까 그만 일어나. 내가 사면 되잖아! 대신 딱 한 번만이야!"

건우는 돈을 낚아채고 거리를 달렸다.

태리가 고양이를 끌어안고 얼굴을 비볐다.

"집 없는 길고양이가 분명해요. 거리에 사는 고양이들은 잘 먹지도 못하고 병에도 자주 걸려서 오래 못 산대요."

해나가 말했다.

"그럼 여기에서 키우면 되겠네."

"누구 마음대로? 너희가 돌볼 거야? 응?"

아저씨는 고양이를 내려다보며 소리쳤다.

"사료만 먹고 가! 알았니? 야, 너 어딜 들어가!"

고양이는 아저씨의 말을 무시한 채 가게 안으로 사뿐사뿐 걸어 들어갔다. 기분이 잔뜩 상한 아저씨와 달리 태리와 해나는 만세를 부르며 고양이를 쫓아갔다. 그때는 아무도 예상하지 못했다. 초라한 길고양이 한 마리가 또만나 떡볶이를 어떤 모습으로 바꿀지. 그리고 김상욱 아저씨와 아이들에게 앞으로 어떤 위험이 닥칠지 말이다.

1 온도계의 숫자는 무엇일까?

오늘의 연구 대상

애들도 참 너무한 거 같아.
80도밖에 안 되는 떡볶이인데, 나한테 너무 뭐라고 하는 거 아니야?
그런데 너희 온도에 대해 정확히 알고 있니?

오늘의 일지

앗, 뜨거워! 앗, 차가워!

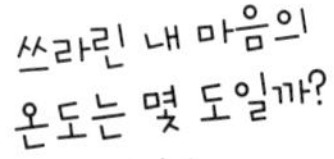

온도란 무엇일까? **온도는 물체의 차갑거나 뜨거운 정도를 정량적으로 나타낸 것**을 말해. 온도가 높아지면 물질을 구성하는 입자들의 운동이 빨라지고, 온도가 낮아지면 입자들의 운동이 느려지지. 그래서 물을 끓이면 물을 구성하는 입자의 운동이 빨라져 보글보글 끓게 되고, 물을 얼리면 입자들의 움직임이 멈춰서 어는 거야.

알파벳 C? 알파벳 F? 정체가 뭐야?

온도의 단위에는 크게 세 가지가 있어. 우리나라를 비롯한 대부분의 나라에서 사용하는 **섭씨온도(℃)**, 주로 미국에서 사용하는 **화씨온도(℉)**, 그리고 마지막으로 **절대온도(K)**이지. 각각의 단위에 대해 조금 더 자세히 알아보자.

명칭	단위	특징
섭씨온도	℃	• 물의 어는점을 0도, 끓는점을 100도로 정하고, 100등분 하여 1도로 나눈 단위 • 셀시우스의 이름에서 따온 용어
화씨온도	℉	• 물의 어는점을 32도, 끓는점을 212도로 정하여 균등하게 나눈 단위 • 파렌하이트의 이름에서 따온 용어
절대온도	K	• 일상생활에서 사용되지는 않지만, 과학적 정의에 의해 제안된 개념 • 절대영도 0K는 섭씨온도로 -273.15도와 같음 • 캘빈이라 읽음

온도를 재는 두 가지 방식

온도계가 온도를 측정하는 방식은 크게 두 가지야. **접촉식 측정과 비접촉식 측정**이지. 수은 온도계와 적외선 온도계가 각각 접촉식과 비접촉식 측정 방식을 사용하는 대표적인 온도계야.

수은 온도계

물체와 온도계가 서로 열을 주고받으면 열평형에 도달하는데, 그때의 온도를 측정하는 방식이야.

적외선 온도계

물체에서 방출되는 적외선의 세기와 양을 검출하여 온도를 측정하는 방식이야.

오늘의 연구 결과

온도란 물체의 차갑거나 뜨거운 정도를 나타낸 것!

고양이는 우리에게 어떤 행운을 가져다줄까?

도대체 누가 그랬어!

뚜벅
안녕하세요~!
뚜벅

슥

여기가
고양이 또또가 있는
분식집 맞나요?

네, 맞습니다.
편한 자리에 앉으세요.

꼬치에 어묵을 꽂던 김상욱 아저씨가 손님들에게 대답했다. 곧 "꺄!", "귀여워!" 같은 탄성과 함께 사진 찍는 소리가 들렸다.

얼떨떨하게 그 광경을 지켜보는 아저씨에게 태리가 말했다.

"거봐요, 아저씨. 또또를 입양하길 잘했죠? 덕분에 손님도 늘었잖아요!"

꺄!

해나가 고개를 끄덕였다.

"요즘 고양이를 좋아하는 사람들이 많기는 하지."

건우가 휴대폰을 내밀었다.

"다 제 덕분인 줄 아세요. 제가 또만나 떡볶이랑 또또 사진을 인별그램에 올리고, 학교에도 소문을 쫙 냈다고요. 다들 또또가 보고 싶다고 난리예요!"

또만나 떡볶이를 찾아온 길고양이가 가게에 눌러산 지 보름이 지났다. 그사이 고양이의 모습은 몰라보게 달라져 있었다. 아이들이 끊임없이 먹인 사료와 손님들이 가져온 간식 덕분에 고양이의 몸무게는 5킬로그램이나 늘었다. 턱살과 뱃살이 두툼하게 접혔고, 푸석거리던 털에는 윤기가 흘렀다. 아이들은 또만나 떡볶이의 이름을 따서 고양이에게 '또또'라는 이름을 지어 주었다.

또또는 가게 한 쪽에 놓인 고양이 방석에 앉아 사진을 찍는 손님들에게 포즈를 취해 주고 있었다.

태리가 아저씨의 퀭한 얼굴을 들여다봤다.

"그런데 아저씨는 왜 이렇게 피곤해 보이세요? 2층에 사는 남자애가 또 뛰어다녀요?"

"아니, 이번엔 또또야. 길고양이 습성을 못 버렸는지 밤마다 밖에 나가겠다고 문을 열어 달라잖아. 한창 자고 있으면 또 집에 들어오겠다고 야옹거리고. 재 때문에 마음 편히 잠을 못 자."

아까 들어온 손님들이 아저씨를 향해 손을 들었다.

"여기 떡볶이랑 튀김 주세요!"

"네, 금세 드리겠습니다!"

또또는 손님들에게 야옹거리며 몸을 비볐다. 손님들이 까르르 웃음을 터뜨렸다. 김상욱 아저씨에게는 늘 하악질을 하거나 시큰둥하게 굴면서 손님들에게는 다정하기 그지없었다.

그때, 선글라스를 끼고 구석에 음침한 모습으로 앉아 있던 한 아저씨가 손을 들었다.

"여기는 주문 안 받아? 떡볶이랑 튀김, 어묵 가져와!"

"네, 조금만 기다리세요."

김상욱 아저씨는 다짜고짜 반말을 하는 손님 때문에 기분이 좋지 않았지만 정성껏 만든 음식들을 갖다주었다. 아저씨 손님은 음식을 한 입씩 먹어 보더니 손가락을 까딱거리며 다시 김상욱 아저씨를 불렀다.

아저씨 손님은 가게를 돌아다니는 또또에게 삿대질했다.

"음식 맛이 이렇게 형편없는데도 장사가 잘되는 건 순전히 저 뚱뚱한 고양이 덕분이잖아! 식당에서 고양이를 키우는 게 말이 돼?"

아저씨 손님은 돈을 던지더니 씩씩거리며 가게를 나갔다.

"잠깐 기다리세요! 말씀이 좀 심하시……."

해나가 김상욱 아저씨의 팔을 잡았다.

"진정하세요, 아저씨. 우리를 질투하는 거예요."

"그게 무슨 소리니?"

"처음 햇빛 마을에 오셨을 때 저희가 했던 말 기억하세요? 햇빛 마을에 있는 떡볶이집은 또만나 떡볶이와 오케이 떡볶이 단 두 곳이라고 했잖아요. 저분은 오케이 떡볶이 사장님이에요."

김상욱 아저씨가 으하하 웃었다.

"그렇다면 미안하지만 우리가 이겼군!"

건우가 콧방귀를 뀌었다.

"저 아저씨가 한 말 못 들으셨어요? 음식 맛이 엉망이라잖아요. 또또한테 고마워하세요."

김상욱 아저씨와 또또의 눈이 마주쳤다. 또또는 첫날 받은 푸대접에 기분이 아직도 안 풀렸는지 고개를 홱 돌렸다.

"무슨 소리야! 갈 데 없는 길고양이를 받아준 건 나라고! 또또가 나한테 고마워해야지!"

그때, 밖에서 고양이 울음 소리가 들리기 시작했다.

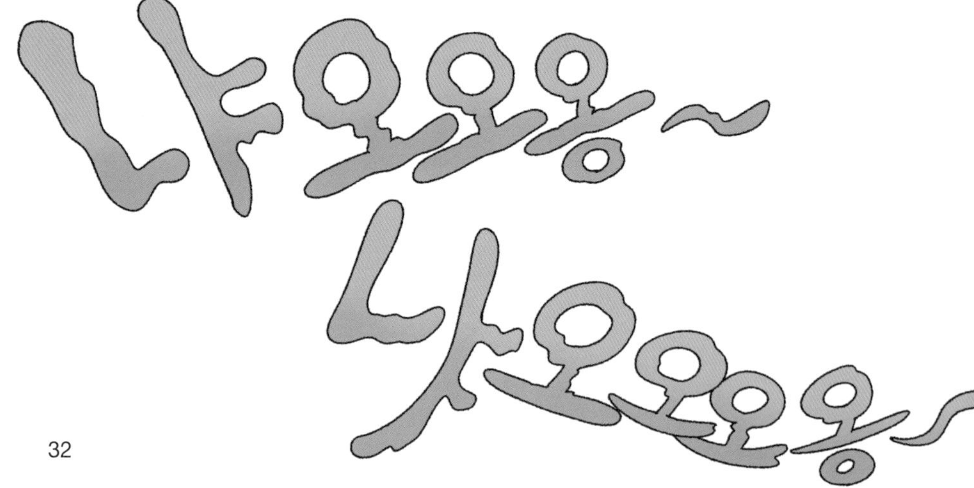

김상욱 아저씨와 아이들은 가게 밖을 쳐다봤다. 오늘도 길고양이들 몇 마리가 떡볶이 판 아래에 모여 있었다. 김상욱 아저씨가 또또를 입양했다는 소문이 햇빛 마을 길고양이들에게 퍼지기라도 했는지 날마다 길고양이들이 찾아와 먹이를 달라고 야옹거렸다.

귀찮으니까 그만 좀 와!
빨리 가지 못….
짜릿
흠칫
그래그래,
배고프지?
조금만 기다려.

아저씨가 빈 그릇에 사료를 부어 주던 순간, 앞 건물 3층 창문이 열리더니 빨간 확성기가 튀어나왔다. 곧이어 아주머니의 우렁찬 목소리가 거리에 울렸다.

"밥 주지 말라니까! 몇 번을 말해요!"

"하, 또 나오셨네."

"아저씨 때문에 자꾸 길고양이들이 몰려들잖아요! 쟤들 때문에 얼마나 깜짝깜짝 놀라는 줄 알아요? 음식물 쓰레기봉투를 함부로 뜯으니까 동네도 지저분해진다고요!"

"동물은 죄다 질색이라고요! 가뜩이나 동물원이 생긴대서 심란한데 계속 이러기만 해 봐요. 나도 가만히 안 있어!"

창문이 요란한 소리를 내며 닫혔다.

태리가 시무룩해했다.

"불쌍한 길고양이들한테 너무하시네요."

"아주머니 말씀도 일리가 있어. 세상에 고양이를 좋아하는 사람만 있는 것도 아니니까, 주민들에게 피해를 줄 수는 없지. 근데 동물원은 무슨 말이니?"

태리가 두 눈을 반짝이며 말했다.

"햇빛 마을에 동물원이 생기는데 모르셨어요? 다음 주 월요일에 문을 연대요. 우리도 다 같이 놀러 가요!"

길고양이들이 사료를 먹는 동안에도 손님들은 끊임없이 들어왔다. 김상욱 아저씨와 아이들은 길고양이들 문제는 잠시 미뤄 둔 채 바쁜 시간을 보냈다. 밀려드는 손님들 덕분에 행복하기도, 아줌마와의 싸움에 마음이 불편하기도 한 하루였다.

다음 날에도 또만나 떡볶이 골목에 길고양이들의 울음소리가 어김없이 울려 퍼졌다.

바쁜 아저씨 대신 고양이들을 보러 간 태리가 외쳤다.

“아저씨, 이리 와 보세요! 빨리요!”

“무슨 일이니?”

길고양이 세 마리가 가게 앞에서 야옹거리고 있었다. 하지만 한눈에 보기에도 등 부분의 털이 심하게 그을려 있었다.

"그래. 밤에 나갔다가 오늘 아침에 들어왔는데 등 쪽 털이 이렇더라고. 겨울도 아니라 난로 같은 곳에 가까이 갔을 리는 없고. 누가 일부러 털을 태운 것 같던데."

고양이들의 애처로운 울음소리가 들렸다. 오늘부터는 먹이를 주지 않겠다고 다짐한 김상욱 아저씨였지만 고양이들이 몹쓸 짓을 당했을지도 모른다고 생각하니 차마 외면할 수가 없었다. 고양이들이 사료와 물을 향해 정신없이 달려들었다. 그러자 빨간 확성기가 또다시 모습을 드러냈다.

아저씨가 아이들을 향해 한숨을 쉬었다.

"나도 확성기를 하나 사든가 해야지. 목이 아파서 못 살겠다."

태리가 아저씨의 시뻘게진 이마에 손을 짚었다.

"앗, 뜨거워! 이마가 뜨거워요."

갑작스러운 물리 이야기에 태리의 표정이 차갑게 얼어붙었다.

"'아저씨의 이마에서 제 손으로 열이 이동한 것을 보니 아저씨 이마의 온도가 높네요.'라고 말하는 게 더 정확하지."

그때 앞 건물을 유심히 바라보던 건우가 웃음을 터뜨렸다.

"모두들 걱정 마세요! 이제 저 아주머니는 우리를 더 이상 못 괴롭힐 거예요."

아저씨와 아이들의 시선이 건우에게 쏠렸다. 건우는 모두를 향해 손가락을 까딱까딱 흔들었다.

"고양이들을 괴롭힌 범인을 알아냈거든요."

열이 뜨거운 게 아니라고?

오늘의 연구 대상

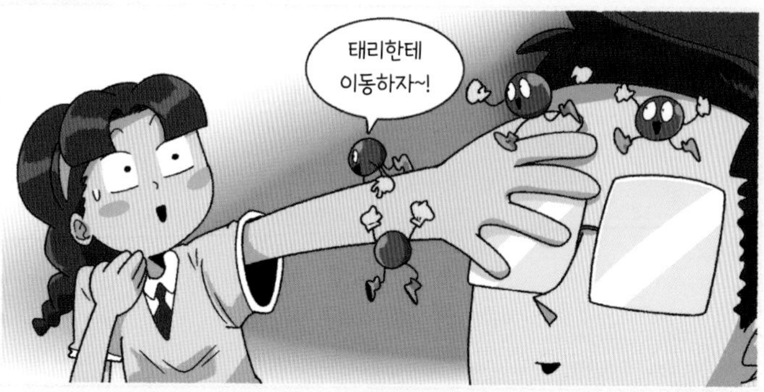

오케이 떡볶이 사장님과 모여드는 고양이들, 그리고 확성기 아주머니 때문에 김상욱 아저씨가 스트레스받았나 봐!

김상욱 아저씨가 말한 열이란 뭘까?

오늘의 일지

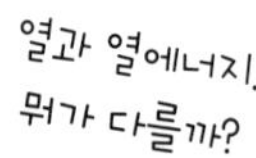

과학에서 '열'이란 무엇일까?

'열'이라는 단어를 머릿속에 떠올려 봐. 어떤 이미지들이 연상되니?

감기에 걸렸을 때 뜨거워진 이마? 김이 모락모락 나는 맵고 뜨거운 라면? 땀이 쏙 빠지는 찜질방? 이렇듯 우리는 '열'이라고 하면 흔히 뜨거운 것이라고 생각해.

하지만 과학에서 '열'의 의미는 조금 다르단다. '열'이란 무엇인지 한번 자세히 알아보자!

열은 이동하는 에너지!

'열'이란 온도 차이 때문에 이동하는 에너지를 뜻해. 그래서 **열에너지**라고도 부르지. 열은 **온도가 높은 뜨거운 물체에서 온도가 낮은 차가운 물체로 이동**해.

뜨거운 물체에서 차가운 물체로 이동하는 에너지 = 열

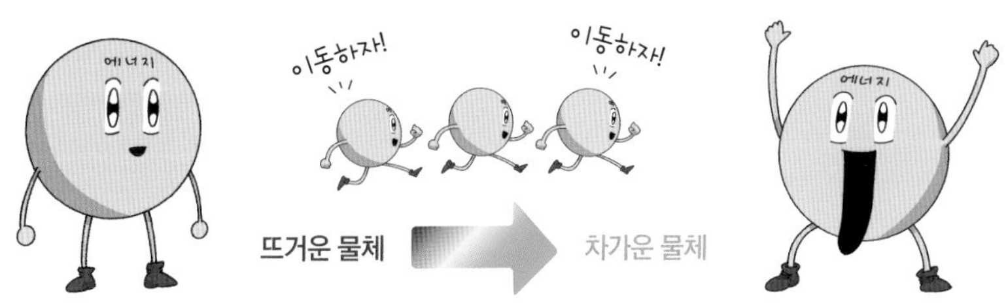

그렇다면 열이 이동하면 무슨 일이 일어날까? **온도는 물체가 가진 에너지**를 나타내. 그래서 **열이 이동한 쪽의 물체의 온도가 높아진단다.** 또 **열은 물체의 상태를 변화**시킬 수도 있어.

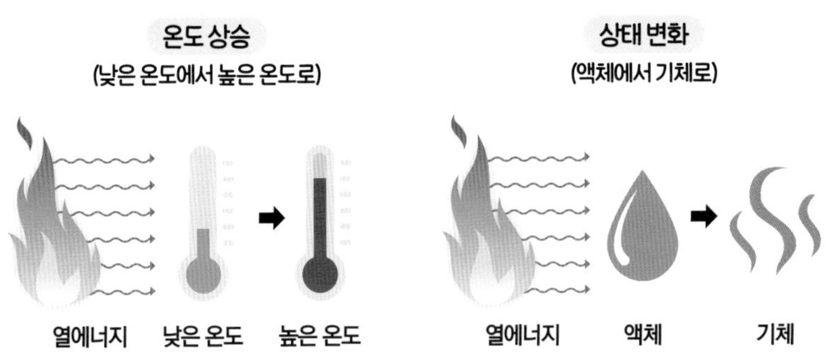

오늘의 연구 결과

열은 온도의 차이 때문에 이동하는 에너지다!

건우가 알아냈다는 범인의 정체는 누구일까?!

세 명의 용의자들

범인이 누군데?

당연히 저 아주머니
아니겠냐?
고양이를 무지
싫어하잖아.
우쭐

우리가 자꾸 먹이를
주니까 고양이들에게
화풀이한 거지!
우
당
탕
냥
냥

아니지, 아니지.
아주머니는 고양이를 싫어하지만
무서워하기도 해.
까딱

고양이 근처에도
못 간다고 했잖아.
고양이 털을 태우려면
가까이 가야 한다고.
힉

참나, 꼭 그렇게 가까이 가야만 되냐?

그럼 멀리에서 어떻게 털을 태워?

옥신

각신

맞는 말이네….

내 생각은 달라!

째릿

아이들의 대화를 듣던 김상욱 아저씨가 말했다.

"일단 또또는 오늘부터 밤에 못 나가게 할게."

태리가 말했다.

"그럼 길고양이들은 누가 지켜요?"

그때, 계단 쪽에서 요란한 발걸음 소리가 들렸다. 김상욱 아저씨가 얼굴을 찌푸리며 이마를 짚었다.

"하, 또 시작이네."

김상욱 아저씨는 또만나 떡볶이가 있는 건물 3층에 산다.

그 아래층은 밤낮없이 노래를 부르고 뛰어다니는 초등학생 남자아이의 집이다. 녀석은 오늘도 고래고래 소리를 지르며 계단을 뛰어 내려오더니 가게 안으로 들어왔다.

2층 남자아이는 가게 안으로 들어오자마자 또또를 찾았다.

"아저씨, 또또 있어요?"

"자고 있으니까 내버려둬. 그런데 넌 이름이 도대체 뭐니?"

아이는 비비탄총을 든 채 아저씨를 보며 씩 웃었다.

"이름은 도말성, 2학년이에요. 또또는 괜찮아요? 다쳤던데."

"또또가 다친 걸 네가 어떻게 아니?"

"아침에 학교 가기 전에 심심해서 창밖을 보는데 또또가 저쪽 골목에서 헐레벌떡 뛰어오더라고요. 털에서는 막 연기가 나고요. 그래서 어디서 다쳤나보다 생각했죠."

응?

모락

재는 또또 아닌가?

모락

해나가 물었다.

"또또가 어떤 골목에서 뛰어왔는데?"

"피아노 학원이 있는 골목."

해나가 아저씨 귀에 속삭였다.

"범인은 오케이 떡볶이 사장님이 분명해요. 그 골목 방향으로 조금만 더 가면 오케이 떡볶이가 있다고요."

말성은 금세 지루해진 듯 가게 밖으로 고개를 돌렸다. 전봇대 근처에서 비둘기 떼가 바닥을 쪼고 있었다. 말성은 비비탄 총을 들고 비둘기들을 향해 돌진했다. 비둘기들은 날개를 푸덕거리며 하늘로 날아올랐다.

김상욱 아저씨가 지친 얼굴로 중얼거렸다.

"이름처럼 또 말썽이네. 범인은 저 녀석일지도 모르겠다."

태리가 말했다.

"우리 학교에서 토끼를 키우는데요. 말성이가 토끼장에 손을 넣어서 토끼를 함부로 만지고 먹이 그릇도 엎어 놓는 걸 본 적 있어요. 혹시 말성이가 또또를 괴롭히려고 털을 태운 건 아닐까요?"

해나가 말했다.

“초등학생이 한밤중에 거리를 돌아다닌다고? 그리고 범인이라면 시치미를 떼고 있지 우리한테 또또 안부를 물었겠어?”

“아냐, 말성이가 맞아! 또또도 말성이한테 하악질 했잖아! 또또는 사람들한테 함부로 이빨을 드러내지 않아. 아저씨만 빼고.”

아이들은 서로 자기 생각이 맞다면서 점점 목소리를 높였다. 결국 김상욱 아저씨가 나섰다.

“좋아, 지금부터 세 명의 용의자들을 한 명씩 만나 보자. 또만나 떡볶이에서 지내는 이상 또또도 우리 가족이니까 똑같은 일이 또 벌어지는 건 막아야겠지. 말성이 말로는 또또가 오케이 떡볶이 쪽 골목에서 뛰어왔다고 했으니까 그쪽부터 가 보자.”

김상욱 아저씨는 앞치마를 벗어 던졌다.

"나가기 전에 태리랑 해나는 가게 안을 정리하고, 건우는 어묵 냄비에서 국자 좀 빼."

아저씨는 손을 차가운 물에 식히는 건우를 보며 말을 이었다.

"얘들아, 어묵탕 속에 담가 놓은 국자가 왜 뜨거워졌을까?"

"이 상황에 물리 얘기를 하고 싶으세요? 국물이 뜨거우니까 국자도 뜨거워졌겠죠! 으아, 내 손!"

김상욱 아저씨는 가게 문을 잠근 뒤 거리로 나갔다. 건우는 손의 아픔도 잊은 채 제일 먼저 아저씨를 따라갔다.

김상욱 아저씨와 아이들은 오케이 떡볶이로 이어지는 햇빛 마을의 골목길을 걸었다. 그들의 발걸음은 금세 멈췄다. '샤방샤방'이라는 간판이 달린 선물 가게 앞에 사람들이 웅성거리며 모여 있었기 때문이다.

가게는 간판부터 창문틀까지 온통 분홍색으로 칠해져 있었다. 아이들은 김상욱 아저씨가 말릴 새도 없이 궁금함을 참지 못하고 이미 가게를 향해 달려가고 있었다. 김상욱 아저씨도 할 수 없이 아이들을 따라갔다.

아저씨가 창문을 기웃거리며 물었다.

"샤방샤방 선물 가게? 도대체 뭘 파는 데니?"

태리가 행복한 얼굴로 말했다.

"예쁘고 귀여운 물건들은 모두 있어요. 인형, 문구, 캐릭터 상품 같은 것들요. 아, 저분이 사장님이에요!"

한 아주머니가 창백한 얼굴로 가게에서 나왔다.

김상욱 아저씨와 아이들은 미심쩍은 시선을 주고받았다. 고양이들이 당한 것과 비슷한 일이 여기에서도 벌어진 걸까.

김상욱 아저씨가 물었다.

"경찰에 신고하셨나요?"

"그럼요. 최대한 빨리 오겠다고 했어요."

"죄송하지만 가게 안을 잠깐 살펴봐도 될까요? 저희 떡볶이집에서 키우는 고양이도 비슷한 일을 겪었거든요."

사장님의 허락을 받고 가게 안으로 들어가려던 아저씨와 아이들은 발걸음을 멈췄다. 유리문 아래쪽이 꼬리가 달린 어떤 형체의 모양대로 뚫려 있었고, 구멍 가장자리에는 그을린 흔적이 남아 있었다. 높이 150센티미터가량의 무언가가 그대로 유리문을 통과해 가게 안으로 들어간 것처럼 보였다.

"구멍 주변의 그을린 자국을 보니 온도가 무척 높은 뭔가가 그대로 문을 통과해 지나간 것 같아. 가게 안으로 들어가 보자."

아저씨는 휴대폰으로 유리문 사진을 찍은 뒤 안으로 들어갔다.

역시 분홍색으로 칠해진 가게 안은 예쁘고 알록달록한 상품들이 구역별로 잘 정리되어 있었다.

아저씨와 아이들은 인형 코너로 걸음을 재촉했다. 다양한 동물 인형들이 선반에 쌓여 있었지만 몇몇 인형은 누가 함부로 꺼내기라도 한 듯 바닥에 마구잡이로 떨어져 있었다.

밖에서 사이렌 소리가 들렸다. 경찰들이 도착한 모양이었다.

건우가 속삭였다.

"나만 이상하다는 생각을 하고 있는 건 아니죠?"

해나가 확신에 차서 말했다.

“범인은 확성기 아주머니도, 도말성도, 오케이 떡볶이 사장님도 아닌 것 같아요.”

김상욱 아저씨가 말했다.

“내 생각도 그래. 지금까지 괜한 사람들을 의심했어. 어젯밤에 벌어진 사건들의 범인은 하나야. 범인은 바로…….”

아이들은 진지한 얼굴로 아저씨의 말을 기다렸다.

김상욱 아저씨와 아이들은 또만나 떡볶이로 돌아오자마자 이데아 도감을 펼쳤다. 이곳의 원래 주인이었던 이룩한 박사가 사라지면서 남긴, 여기저기 찢어지고 훼손된 노트였지만 지금까지 이데아를 잡는 데 큰 도움을 주었다. 김상욱 아저씨와 아이들은 유리문에 남은 형체를 생각하며 도감을 한 장씩 넘겼다.

"잠깐만요!"

태리가 도감의 한 페이지를 가리켰다. 공룡 같은 얼굴에 긴 꼬리가 달린, 사납고 강인해 보이는 이데아였다. 아저씨와 아이들은 그림 밑에 적힌 설명을 읽었다.

김상욱 아저씨가 중얼거렸다.

"귀여운 것을 보면 열에너지가 치솟으며 몸이 엄청난 고온이 된다……. 그래서 고양이와 인형들의 털이 타 버렸던 거야. 선물 가게 유리문도 그대로 뚫고 들어갈 수 있었고."

태리가 또또에게 이데아 도감을 보여 주었다. 또또는 그림을 보자마자 이빨을 드러내며 하악거렸다.

해나가 말했다.

"잠깐만요. 히트랩터가 귀여운 동물을 좋아한다면……."

그 순간, 모두의 머릿속에 확성기 아주머니가 했던 말이 떠올랐다.

건우가 머리를 긁적였다.

"햇빛 마을 동물원이 다음 주 월요일에 문을 연댔나? 오늘이 벌써 목요일인데."

태리가 울상을 지었다.

"히트랩터가 동물원에 들어가면 어떡해요? 동물들의 털을 모두 태워 버릴 수도 있잖아요!"

"꼭 그렇지만은 않아."

아이들은 어리둥절한 얼굴로 아저씨를 바라봤다.

"히트랩터는 열에너지를 자유롭게 분출하고 흡수할 수 있다고 했어. 그 말은 열에너지를 분출해서 물체를 태울 수도 있지만, 열에너지를 빼앗아서 얼릴 수도 있다는 뜻이지."

건우의 눈이 휘둥그레졌다.

"동물들이 꽁꽁 얼 수도 있다는 거예요? 빙하처럼?"

"그렇지."

"그럼 불쌍한 동물들은 어떡해요?"

"녀석을 잡아야지. 햇빛 마을 동물원이 문을 열기 전에."

김상욱 아저씨가 이데아 도감 위에 주먹을 내리쳤다.

"자, 얘들아! 또 한 마리 잡아 볼까?"

열의 전달 : 전도, 대류, 복사

오늘의 연구 대상

건우한테 조심하라고 말하는 걸 깜빡했네.
또또의 등을 그을리게 한 범인을 찾는 데 정신이 팔려서 말이야.

냄비의 국자가 왜 뜨거워진 건지 자세히 알아보자!

오늘의 일지

열이 전달되는 세 가지 방법

열은 어떻게 전달될까? 뜨거운 국물이 담긴 냄비에 국자를 담그면 국자가 뜨거워지기도 하고, 히터에서 데워진 공기가 방 안을 따뜻하게 만들기도 하지. 또 따뜻한 햇빛이 얼음을 녹이기도 해.

이 세 가지 방법을 각각 **전도, 대류, 복사**라고 해.
그리고 각각의 방식은 모두 다른 특징을 가지고 있단다.
전도, 대류, 복사의 특징을 차근차근 알아보자!

전도, 대류, 복사. 이름이 너무 어려워!

전도, 대류, 복사 현상에 대해 각각 자세히 정리해 봤어.

전달 방식	매개물	특징
전도	고체	물질 내부의 원자가 진동하여 옆에 있는 원자에게 열을 직접 전달하는 것 예 냄비 손잡이가 뜨거워지는 현상
대류	액체, 기체	뜨거워진 원자가 다른 곳으로 이동하면서 열이 골고루 퍼지는 것으로, 뜨거워진 액체(기체)는 위로 올라가고, 차가워진 액체(기체)는 아래로 내려감 예 냄비에 물을 끓였을 때 위아래로 빙글빙글 도는 현상
복사	진공	에너지가 물체에서 방출된 전자기파(빛)의 형태로 전달되는 것 예 햇볕을 쬐면 몸이 따뜻해지는 현상

전도, 대류, 복사 현상을 한 번에 관찰할 수 있는 장면이야.

- 전도 : 열이 고체 냄비의 원자들을 통해 냄비 손잡이로 전달되는 전도 현상 발생
- 대류 : 냄비 내부의 끓고 있는 물 안에서 아래쪽에서 뜨거워진 원자가 위쪽으로 이동하는 대류 현상 발생
- 복사 : 뜨거워진 냄비 주변으로 전자기파가 방출되는 복사 현상 발생

오늘의 연구 결과

열은 전도, 대류, 복사에 의해 전달된다.

햇빛 마을 동물원을 히트랩터로부터 지켜야 해!

귀여운 것이 필요해!

"성공입니다!"

실험실에서 들려온 한마디에 에너지 킹의 비밀 연구실에도 환호성이 울려 퍼졌다. 새로 만든 로켓 엔진 '스페이스 가디언'의 추력 테스트를 모니터로 지켜보던 마두식 회장은 너털웃음을 터뜨리며 주먹을 휘둘렀다.

마 회장이 이끄는 엔진 제조 기업 에너지 킹에서 야심 차게 내놓은 스페이스 가디언. 그동안 셀 수 없을 만큼 거듭된 추력 테스트에 실패했지만 드디어 성공을 거두었다. 마 회장과 블랙과 화이트는 함께 손을 잡고 빙글빙글 돌았다.

"이제 스페이스 가디언을 장착한 로켓을 우주로 쏘아 올려!"

호텔 뷔페라는 꿀맛 같은 마 회장의 대답에 블랙과 화이트의 환호성이 다시 한번 울려 퍼지려던 그때, 실험을 함께 지켜보던 이룩한 박사가 찬물을 끼얹었다.

"로켓을 쏘아 올리는 일은 그렇게 간단한 게 아닙니다. 연료 문제는 해결됐나요?"

"연료? 연료가 왜? 더 자세히 말해 봐!"

"로켓 연료는 100톤이 넘는 로켓을 우주로 쏘아 올리는 힘의 원천입니다. 특히 연료를 액체의 형태로 로켓 내부에 보관하고 적절하게 분사하는 과정이 매우 까다롭지요."

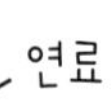

마 회장이 머리를 감싸 쥐었다.

"이봐, 비서들! 짜증 나니까 달콤한 차나 끓여 와!"

블랙이 무선 주전자에 물을 끓이는 동안 화이트가 유리병에 든 차를 가져왔지만, 금속 뚜껑을 아무리 돌려도 열리지 않았다. 블랙까지 달려들었지만 뚜껑은 꿈쩍도 하지 않았다.

그때, 연구실 문이 열리더니 레드가 들어왔다.

레드는 블랙과 화이트를 한심한 눈으로 바라본 뒤 말했다.

"회장님, 드릴 말씀이 있습니다. 햇빛 마을에 심어 둔 저희 비밀 요원들에게서 새로운 정보가 들어왔습니다."

레드는 옆에 있던 화이트보드에 샤방샤방 선물 가게의 사진을 붙였다.

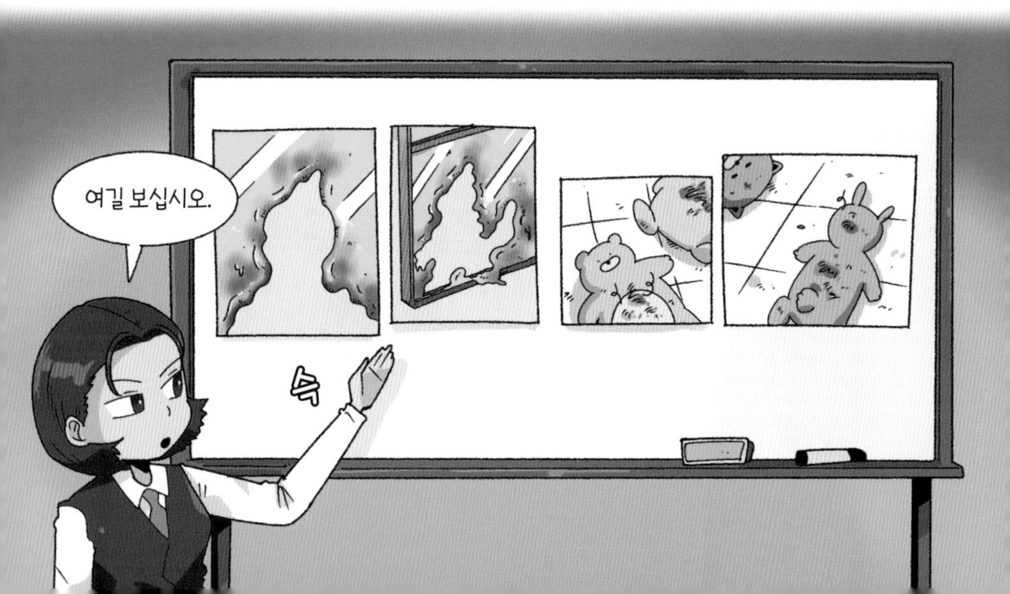

레드는 마 회장을 향해 보고를 이어 나갔다.

"가게의 유리문이 알 수 없는 형태로 뚫리고, 인형들이 불타는 사건이 벌어졌습니다. 근처 시시티브이 영상을 확보 중이니 조만간 자세한 정보가 들어올 겁니다."

"그게 뭐 어쨌다는 거야! 새로운 이데아라도 나타났다는 뜻이야?"

레드의 의심 가득한 시선이 이룩한 박사를 향했다. 유리문 사진을 바라보던 이룩한 박사가 입꼬리를 올렸다.

"네, 그렇습니다."

"이데아라고? 무슨 이데아인데!"

"저 형체는 열 이데아 히트랩터입니다. 물체의 온도를 뜨겁게도 차갑게도 할 수 있는 강력한 이데아지요."

"그 녀석을 잡으면 우리한테 도움이 되나?"

"히트랩터가 있으면 로켓의 연료로 쓰이는 산소를 액체 상태로 유지할 수 있습니다. 기체인 산소를 액체로 만들려면 열을 계속 빼앗아야 하거든요. 다시 말해, 녀석을 잡으면 로켓의 연료 문제는 걱정 끝이라는 뜻입니다."

마 회장의 얼굴이 다시 밝아졌다.

"그럼 당장 잡아야지! 이번에도 김상욱 박사에게 이데아를 뺏길 수는 없어! 이봐, 이룩한 박사. 그 녀석을 어떻게 잡지?"

"제가 그 지긋지긋한 또만나 떡볶이를 떠날 때, 이데아의 모든 정보가 적힌 도감을 일부러 망가뜨렸지요. 김상욱 박사는 저만큼 이데아에 대해 자세히 알지 못합니다."

이룩한 박사의 가느다란 눈이 연구실에 모인 사람들을 하나씩 훑었다. 모두가 이룩한 박사의 입에서 나올 말을 초조하게 기다렸다. 이룩한 박사의 시선은 곧 한 사람에게 멈췄다.

그날 밤, 마 회장과 세 비서들은 개장을 사흘 앞둔 햇빛 마을 동물원 앞 광장에 모여 있었다. 블랙과 화이트는 마 회장과 눈을 마주치지 않으려고 필사적으로 노력했다. 마 회장의 모습을 보고 웃기라도 했다가는 호텔 뷔페가 날아가 버릴 테니까.

어둠에 잠긴 넓은 광장을 바라보던 마 회장이 말했다.

"도대체 이데아는 언제 오는 거야? 다리 아프다고!"

레드가 말했다.

“아직 삼십 분도 안 지났습니다. 곧 분명히 나타날 겁니다. 귀여운 것을 보면 좋아서 정신을 못 차린다고 했으니까요.”

마 회장이 긴 속눈썹을 깜박이며 방긋 웃자 레드는 입술을 깨물며 고개를 돌렸다. 마 회장은 귀여워 보이기 위해 알록달록한 화장에 복실복실한 판다 털옷을 입고 있었다.

조금 전 오늘 오후, 어리둥절해하는 마 회장에게 이룩한 박사는 이렇게 말했다.

"히트랩터는 사나운 외모와 달리 귀여운 것을 좋아합니다. 선물 가게의 인형들을 보고는 껴안고 얼굴을 비비고 싶은 마음을 주체할 수 없었을 거예요. 귀여운 것을 보면 몸이 엄청난 고온이 되기 때문에 인형들의 털이 불타 버린 것이지요."

레드는 빈 이데아 캔을 마 회장의 발밑에 놓았다. 이룩한 박사가 또만나 떡볶이를 나올 때 챙겨 온 물건이었다.

“저희가 옆에 있으면 경계심을 품고 다가오지 않을지도 모릅니다. 녀석이 가까이 오면 이데아 캔의 뚜껑을 열고 포획하세요. 간단하죠?”

블랙이 말했다.

“이데아를 유인하려면 더 귀엽게 보여야 하지 않을까요?”

화이트가 대나무 죽순을 마 회장의 손에 쥐여 주었다.

“이거라도 드시고 계세요!”

세 비서들은 주변으로 흩어져 숨었다. 달빛이 쏟아지는 고요한 광장 한복판에 마 회장만 덩그러니 남았다. 혼자 남은 마 회장의 긴장감이 치솟았다. 화이트의 말대로 죽순이라도 먹으면 더 귀엽게 보일까. 마 회장은 바닥에 주저앉은 채 고개를 깜찍하게 갸웃거리며 죽순을 깨물었다. 그 모습을 지켜보던 비서들의 얼굴이 일그러지는 줄도 모른 채.

귀여운 연기에 한창 빠져 있던 마 회장은 문득 움직임을 멈췄다. 멀리 서 있는 수상한 생명체를 본 순간 오싹한 기운이 등줄기를 훑었다.

!!!

녀석이 나타났습니다, 회장님. 이데아 캔을 준비하세요!

저벅

죽순도 계속 드세요!

저벅

더 깜찍하게!

당황

히트랩터가 조금씩 가까이 다가왔다. 마 회장을 귀여운 판다로 착각한 히트랩터가 기쁨에 벅찬 표정을 지었다. 히트랩터의 몸이 불덩이처럼 타오르며 광장이 환해졌다.

마 회장은 긴장으로 뻣뻣해진 몸을 열심히 움직이며 계속 죽순을 씹었다. 마침내 둘의 눈이 마주쳤다. 녹아내린 화장으로 엉망이 된 마 회장의 얼굴을 본 순간, 히트랩터의 눈은 분노로 가득 찼다.

마 회장은 이데아 캔의 뚜껑을 돌렸지만 뚜껑은 꿈쩍도 하지 않았다. 아무도 이데아 캔의 비밀을 알려 주지 않았기 때문이다. 이데아 캔의 뚜껑은 다른 뚜껑들과 달리 시계 방향으로 돌려야 열린다는 사실만 알았더라도 마 회장은 무사히 이데아를 잡았을지 모른다.

히트랩터는 마 회장을 노려보며 숨을 깊이 들이마셨다. 히트랩터의 가슴이 주변에서 흡수한 열에너지로 부풀어 올랐다. 마 회장은 비명 한번 지르지 못한 채 그대로 얼어붙었다.

세 비서들은 자신의 입을 틀어막고 벌벌 떨었다. 히트랩터는 거친 숨을 씩씩대며 어둠 속으로 사라졌다. 광장 한복판에는 이제 거대한 얼음덩어리만이 반짝이고 있었다.

늘었다가 줄었다가, 열팽창

오늘의 연구 대상

이룩한 박사도 정말 대단해!
아무리 힘을 줘도 열리지 않던 병뚜껑을 한 번에 열어내다니!
병뚜껑에는 과연 어떤 비밀이 숨어있을까?

오늘의 일지

열팽창의 마법

이룩한 박사가 마법을 부린 걸까? 아니! 이룩한 박사는 열팽창의 원리를 이용한 거야. 뜨거운 물의 열에너지에 의해 병뚜껑의 금속이 팽창해서 열기 쉬워진 거지.

열팽창이란 온도에 따라 물질의 부피가 줄어들거나 늘어나는 현상을 말해. 열팽창에 또 어떤 재미있는 과학이 숨어 있는지 자세히 알아보자!

열팽창을 찾아보자!

고체와 기체는 왜 온도에 따라 열팽창 하는 걸까? 원리는 간단해. **물질이 열을 흡수하거나 방출하면 물질을 구성하는 원자 사이의 거리가 달라지면서 부피가 늘어나거나 줄어드는 것**이지.

고체

예 열차 선로: 기찻길은 서로 일정한 간격을 두게끔 설계되어 있어. 마찰열, 햇빛 등에 의해 금속인 선로가 팽창하면 기찻길이 늘어지거나 휘어져서 탈선 사고가 일어날 수도 있기 때문이지.

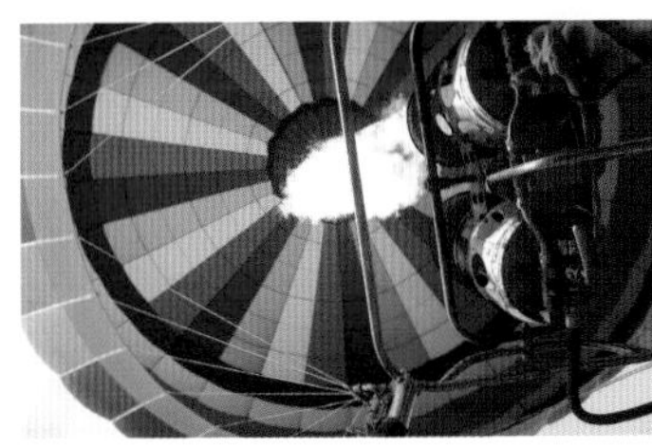

기체

예 열기구: 열기구의 풍선에 가득 찬 공기를 가열하면 풍선 내 공기의 부피가 팽창해. 부피가 팽창한 공기는 열기구 바깥의 공기보다 가벼워지지. 결과적으로 열기구는 공중으로 뜨게 되어 있어.

온도를 올리는 데 필요한 열의 양은?

기찻길의 온도나 열기구 내부 공기의 온도를 1도 올리기 위해서는 얼마나 많은 열이 필요할까? **물질 1그램의 온도를 1도 올리기 위해 필요한 열의 양을 비열이라고 불러.** 비열의 크기는 물질마다 다른데, 비열이 작을수록 온도가 쉽게 변하지.

(kcal/gC°)

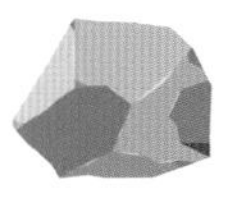

철 1.107

물 1

식용유 0.58

모래 0.19

금 0.03

오늘의 연구 결과

물질은 열에 의해 팽창한다!

마 회장이 꽁꽁 얼어버렸어…! 괜찮을까?

이번에는 어떻게 잡지?

김상욱 아저씨는 휴대폰 지도로 아이들이 알려 준 주소를 찾으며 햇빛 마을 거리를 걸었다. 목적지가 가까워졌을 무렵, 작업을 잠시 중단한 공사장이 보였다. 흙더미가 곳곳에 쌓인 황량한 공사장 주변에는 여러 중장비와 컨테이너들이 방치되어 있었다.

공사장을 지나자 쭉 뻗은 길이 나타나더니 넓은 광장이 눈에 들어왔다.

사람들의 함성과 웃음소리가 아저씨가 서 있는 곳까지 들렸다. 그쪽으로 달려간 아저씨는 눈앞에 펼쳐진 광경에 입을 다물 수가 없었다.

동물원 앞 광장은 거대한 스케이트장으로 변해 있었다. 온화한 가을 날씨에도 불구하고 사람들은 목도리를 두르거나 장갑을 낀 채 두꺼운 빙판 위에서 스케이트와 썰매를 타고 있었다.

스케이트화를 신은 태리와 해나가 얼음 위를 지치고 아저씨 앞으로 다가와 빙판 옆 천막을 가리키며 같이 스케이트를 타자고 졸랐다. 하지만 아직까지 어안이 벙벙한 김상욱 아저씨였다. 아이들의 연락을 받기 전, 떡볶이집에서 이미 텔레비전 뉴스로 접한 소식인데도 말이다.

개장을 사흘 앞둔 햇빛 마을 동물원 앞 광장이 두꺼운 빙판으로 변하는 알쏭달쏭한 사건이 벌어졌습니다. 전문가들은 기상 이변, 동물원 개장을 반대하는 동물 애호 단체의 시위 등 여러 가능성을 열어두고 원인을 조사 중입니다.

그때, 건우가 아저씨의 손에 썰매 끈을 쥐여 주었다.

"썰매 좀 끌어 주세요. 저한테 이 정도는 해 줄 수 있죠?"

"허리 아프거든? 지금까지 이데아를 잡느라 몇 번이나 넘어졌는지 알아!"

"허리 아픈 거랑 썰매 끄는 거랑 무슨 상관이에요! 썰매는 팔로 끄는데!"

해나가 물었다.

"이것도 히트랩터의 짓일까요?"

"이데아의 능력이 아니고서는 광장이 이렇게 변한 이유를 설명할 수 없어. 이런 빙판을 만들려면 땅에서 열에너지를 엄청나게 뽑아내야 한다고. 빨리 히트랩터를 잡지 않으면 햇빛 마을 전체가 겨울 왕국으로 변할지도 몰라."

"근데 왜 여기만 얼렸을까요? 대체 무슨 일이 있었을까요?"

해나의 질문에 그 누구도 정확한 대답을 내놓지 못했다. 어젯밤에 벌어진 일을 알 리가 없었으니까. 마 회장이 갇힌 거대한 얼음을 깨느라 비서들이 온갖 장비를 총동원해야 했다는 사실도. 지독한 감기에 걸린 마 회장은 최고급 뷔페는커녕 죽 한 숟갈도 제대로 삼킬 수가 없었다.

아이들이 놀고 싶어 하는 것은 당연한 마음. 아쉬운 표정으로 스케이트 타는 사람들을 흘끔거리는 아이들의 얼굴을 보자 아저씨도 마음이 약해졌다.

"좋아. 내 실력을 보면 깜짝 놀랄걸? 졌다고 울면 안 된다!"

건우가 만세를 불렀다.

"오예! 꼴등이 피자 쏘기예요!"

그렇게 김상욱 아저씨와 아이들이 출발점 앞에 섰다.

멀리에서 아이들의 해맑은 웃음소리가 울려 퍼졌다. 햇볕에 녹기 시작한 빙판 위로 아저씨의 서러운 울음소리가 흩어졌다.

김상욱 아저씨와 아이들은 피자를 우물거리며 다시 이데아 도감을 펼쳤다. 아저씨가 사 준 피자는 꿀맛이었지만 히트랩터를 떠올리자 한숨만 나왔다.

“고양이들의 털이 그을리고, 선물 가게의 인형들이 불타고, 동물원 앞 광장이 얼어 버린 일은 모두 밤에 벌어졌어. 그걸 보면 히트랩터는 낮에는 활동을 멈춘다고 볼 수 있겠지.”

해나가 조심스레 추측했다.

"외모 때문은 아닐까요? 히트랩터는 다른 이데아들에 비해 크니까 마음대로 돌아다녔다가는 사람들 눈에 띌 거예요."

태리가 말했다.

"그래도 히트랩터가 좋아하는 걸 알아서 다행이에요. 한밤중에 사람들이 없는 한적한 곳으로 유인하면 되겠네요. 귀여운 물건이나 동물로요."

"살아 있는 동물은 안 돼. 다칠지도 모르잖아."

건우가 피자를 한 조각 더 집으며 말했다.

"히트랩터가 나타나면 그다음에는 어떻게 해요?"

김상욱 아저씨는 동물원 광장 근처에서 본 공사장을 염두에 두고 있었다. 그곳이라면 사람들에게 들킬 염려 없이 이데아를 잡을 수 있다. 귀여운 물건도 얼마든지 구할 수 있을 것이다.

문제는 열 이데아 히트랩터다. 히트랩터는 다른 이데아들에 비해 체격도 큰 데다 잘못 건드렸다가는 엄청난 열에너지를 내뿜는다. 그렇게 되면 등을 그을린 또또나 불타버린 인형 꼴이 될 수도 있다. 반대로 열에너지를 빼앗는 경우도 마찬가지로 위험하다. 동물원 광장의 빙판처럼 김상욱 아저씨와 아이들도 얼어붙을지 모른다. 지금까지의 이데아 포획 작전과는 비교가 안 될 정도로 까다롭고 위험한 일이다.

아무래도 너희는 이번 일에서 빠지는 게 좋겠다. 히트랩터는 너무 위험….
그래요. 말도 안 돼요! 지금까지 함께했는데!
깜짝이야.
아저씨 혼자 어떻게 하시려고요?
탁
벨라 요원이 있잖니. 도움을 청해 봐야지.
맞아요. 작은 일이라도 돕고 싶어요.
김건우, 너도 한마디 하시지?
저희가 할 수 있는 일이 분명히 있을 거예요!
그렇게 위험한 이데아라면 한 번쯤은 빠져도….
배신자!
후비적

“좋아. 대신 위험한 일은 나와 벨라 요원이 한다. 언뜻 떠오르는 생각은 드라이아이스나 액체질소를 이용하는 거야. 히트랩터가 귀여운 물건을 보고 열에너지가 치솟았을 때, 순간적으로 차갑게 만들어 당황시키는 거지.”

해나가 물었다.

“드라이아이스는 알겠는데 액체질소는 뭐예요?”

“액체질소는 공기의 약 80퍼센트를 차지하는 질소 기체를 높은 압력으로 압축해서 액체로 만든 거야. 드라이아이스와 액체질소는 주변 물체들의 온도를 낮추지. 드라이아이스는 영하 80℃, 액체질소는 영하 200℃까지 온도를 떨어뜨릴 수 있어.”

김상욱 아저씨가 말을 이었다.

"그나저나 귀여운 물건은 뭘 갖다 놓지? 드라이아이스나 액체질소의 효과를 높이려면 밀폐된 공간이 더 좋을 텐데."

아이들은 피자를 먹는 것도 잊어버린 채 생각에 잠겼다. 잠시 뒤, 건우가 비장한 얼굴로 손을 들었다.

다음 날 저녁 7시. 또만나 떡볶이의 문에는 '영업 끝! 내일 또 만나요!'라고 쓰인 팻말이 달려 있었다. 벨라 요원은 자루에 든 인형들을 탁자에 쏟아부었다. 아이들은 어리둥절한 얼굴로 잔뜩 쌓인 인형들을 쳐다봤다.

벨라 요원이 설명했다.

"말씀하신 큼직한 인형 삼십 개입니다. 열 이데아가 뭘 좋아할지 몰라 다양하게 준비했어요. 바느질 도구는 여기. 포장지에 든 드라이아이스 삼십 개는 스티로폼 상자 안에 있습니다."

김상욱 아저씨가 고개를 끄덕였다. 아저씨는 온종일 뭘 하고 다녔는지 온몸이 흙투성이가 된 모습이었다.

"건우가 부탁드린 기계는요?"

"공사장에 설치하고 천을 덮어 뒀습니다."

"제가 표시한 위치에 정확히 놓으셨죠?"

"못 믿겠으면 가서 확인해 보시던가요."

김상욱 아저씨는 아이들 앞에 인형을 하나씩 놓아 주었다.

"지금부터 인형의 배나 등을 가위로 자른 뒤에 솜을 적당히 빼내고 포장된 드라이아이스를 넣는다. 인형 안에 든 드라이아이스가 녹으면 히트랩터가 당황할 거야. 손을 다칠 위험이 있으니 드라이아이스는 내가 집게로 넣어 줄게. 지금부터 두 시간 안에 드라이아이스 인형 삼십 개를 완성한다. 실시!"

건우가 벨라 요원의 팔을 끌고 의자에 앉혔다. 벨라 요원은 인형 더미를 보고 신음을 내뱉었다. 김상욱 아저씨도 벨라 요원이 도망치기 전에 바늘과 실을 쥐여 주었다. 모두가 작업을 시작했다. 인형을 자르고 솜을 빼내는 일은 어렵지 않았다. 문제는 바느질. 인형 안에 드라이아이스를 넣고 두툼한 천을 다시 꿰매는 일은 생각보다 만만치 않았다.

건우가 울부짖었다.

“난 못 하겠어요! 손가락 아프다고요!”

김상욱 아저씨가 매섭게 말했다.

“투덜댈 시간에 한 땀이라도 더 꿰매! 드라이아이스는 점점 작아진다고!”

“드라이아이스가 왜 작아져요!”

“드라이아이스는 주변으로부터 열에너지를 흡수…….”

“그런 건 관심 없고 내가 드라이아이스 넣을래요! 집게 주세요!”

아저씨는 두 손을 높이 들어 올렸다.

“어허! 드라이아이스는 위험해서 함부로 다루면 안 돼!”

“아저씨도 바느질하기 싫어서 그런 거잖아요!”

태리가 고개를 갸웃했다.

“어제는 드라이아이스와 액체질소를 이용한다고 하셨잖아요. 액체질소는 어딨어요?”

“나중에 보여 줄게. 공사장에 특별한 장치를 설치해 놨어.”

아저씨는 벨라 요원 쪽으로 시선을 돌렸다. 그러자 삐죽빼죽한 실 자국이 섬뜩하게 드러난 인형들이 눈에 들어왔다.

“아니, 바느질을 이렇게 대충 하시면 어떡합니까. 귀여운 인형으로 히트랩터를 유인해야 하는데 이건 너무하잖아요.”

그 뒤로 두 시간 동안 모두가 드라이아이스 인형 삼십 개를 만드느라 고군분투했다. 가게 안에는 인형 천을 사각사각 자르는 소리와 천 속으로 실이 지나가는 소리밖에 들리지 않았다. 아이들이 투정을 부리는 소리도, 티격태격하는 소리도 없었다. 너무 힘들어서 입을 뗄 기운도 없었기 때문이다.

히트랩터보다 더 뜨거운 열을 내뿜는 모두를 피해 아저씨는 남은 다섯 개의 인형 배를 재빨리 스테이플러로 찍었다. 마침내 모든 작업이 끝나자 아저씨는 드라이아이스가 녹지 않도록 인형들을 커다란 아이스박스에 넣었다.

아이들은 퉁퉁 부은 손을 주무르며 김상욱 아저씨의 차에 탔다. 벨라 요원도 자신의 트럭에 올랐다. 가게 밖에서 그들을 감시하던 블랙과 화이트는 망원경을 벗었다.

“이 밤에 어딜 우르르 가지?”

“혹시…… 이데아?”

어둠이 내려앉기 시작한 햇빛 마을 거리를 자동차 세 대가 연달아 지나갔다. 건우가 자신만만하게 말한 기계는 무엇일까. 액체질소를 이용한 특별한 장치는 어떤 모습일까. 과연 그들의 아이디어로 히트랩터를 잡을 수 있을까. 김상욱 아저씨와 아이들의 마음은 설렘과 걱정으로 쉼 없이 요동치고 있었다.

5 물질의 상태가 바뀐다! : 상태 변화

오늘의 연구 대상

히트랩터 포획 작전에 사용될
드라이아이스와 액체질소가 기체로 변하고 있어!

고체와 액체가 어떻게 기체가 되는 걸까?

오늘의 일지

변화하는 물질의 상태

물질은 고체, 액체, 기체의 형태로 존재해. 그런데 고체였던 물질이 액체가 되거나, 액체였던 물질이 기체가 될 수 있을까? 반대의 경우는? **어떤 물질이 열에너지를 흡수하거나 방출하면 그 상태가 바뀌는데, 이 현상을 상태 변화라고 한단다.**

우리는 생각보다 쉽게 일상 곳곳에서 이런 현상을 발견할 수 있어. 상태 변화에 대해 자세히 알아보자!

고체, 액체, 기체로 왔다 갔다!

고체, 액체, 기체는 아래와 같이 상태 변화를 일으켜.

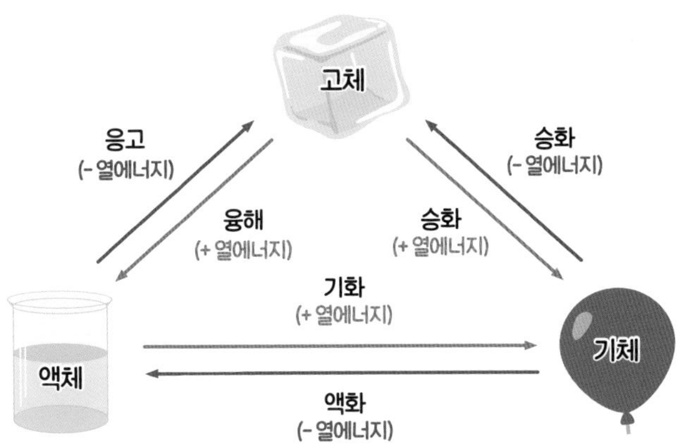

열에너지를 흡수하는 경우

융해 (고체 → 액체)
예 아이스크림이 녹음

기화 (액체 → 기체)
예 물을 끓이면 수증기가 됨

승화 (고체 → 기체)
예 드라이아이스가 점점 작아짐

열에너지를 방출하는 경우

응고 (액체 → 고체)
예 물이 얼음이 됨

액화 (기체 → 액체)
예 거울에 김이 서림

승화 (기체 → 고체)
예 나뭇잎에 서리가 내림

오늘의 연구 결과

물질이 열에너지를 흡수, 방출하면 상태 변화한다.

휴, 인형 꿰매느라 혼났네! 이제 히트랩터를 잡으러 가 보자!

언제나 시련은 있지만

팟

짜잔~!

아이들은 탄성을 지르며 눈앞에 놓인 기계를 올려다봤다. 건우가 떠올린 아이디어는 바로 이것! 초대형 인형 뽑기 기계였다. 벨라 요원이 전원 버튼을 누르자 안쪽에 환한 조명이 들어왔지만 그것만으로는 부족했다. 김상욱 아저씨는 히트랩터를 더 잘 유인할 수 있도록, 그리고 포획 작전을 안전하게 수행할 수 있도록 기계 양옆에 조명을 설치했다.

벨라 요원은 기계 문을 열고 드라이아이스를 채운 인형들을 쏟아부었다.

벨라 요원에게 엉겨 붙는 건우를 김상욱 아저씨가 억지로 떼어냈다.

"상황 파악 좀 해라. 아직 할 일이 많다고!"

해나가 물었다.

"액체질소는 어딨어요?"

"보여 줄 테니까 뒤로 물러서. 훠이훠이!"

팔을 휘두르며 모두를 밀어낸 아저씨는 인형 뽑기 기계 앞을 가리켰다. 자세히 보니 땅에 널빤지가 놓여 있었다. 아저씨와 벨라 요원이 기다란 각목 두 개 위에 얹어 놓은 널빤지를 치우자 시커먼 구덩이가 보였다.

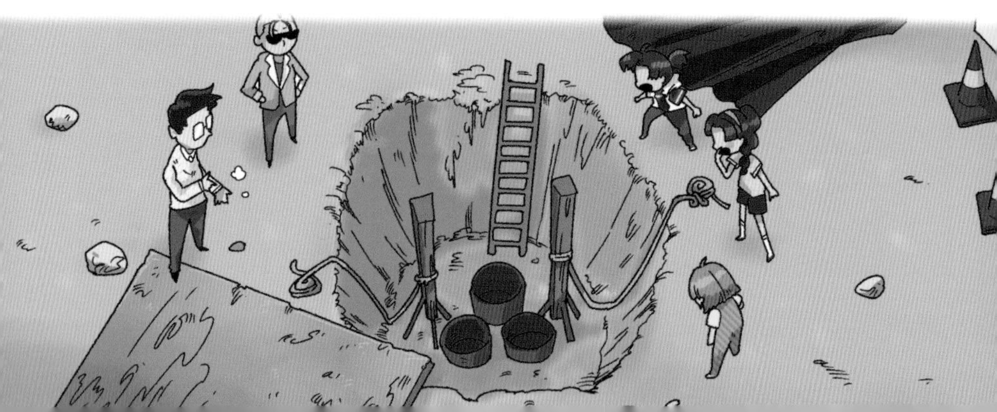

태리가 외쳤다.

"와! 이걸 언제 파셨어요?"

"너희가 가게에 오기 전에. 구덩이를 파고 액체질소를 채울 대야를 갖다 놓느라 나도 바빴어."

"그래서 아저씨 몸이 흙투성이였구나."

벨라 요원이 트럭에서 하얀색 통을 가져왔다. 김상욱 아저씨는 사다리를 타고 구덩이 안으로 들어갔다. 그러고는 하얀색 통에 든 액체를 큼직한 대야 세 개에 나누어 부었다. 구덩이 안은 수증기로 금세 자욱해졌다.

아저씨는 액체질소가 너무 빨리 날아가 버리지 않도록 대야 위에 뚜껑을 살짝 덮은 뒤 다시 밖으로 나왔다.

"얘들아. 지금부터 히트랩터 포획 작전을 정리해 줄게."

설명 끝나셨나요?
이거 입으세요.

척

높은 온도와 낮은 온도를
모두 견딜 수 있게
설계된 우주복입니다.

진짜 우주복이에요?
왜 아저씨만 입어요!
우리도 주세요!

제발 그만해….

이것도 얼마나 힘들게
가져왔는지 알아? 뭐 하세요,
박사님? 얼른 입으세요.

아이들은 우주복으로 갈아입은 아저씨를 보고 눈사람 같다며 놀려 댔지만, 아저씨의 마음은 무겁게 가라앉았다. 아무도 다치는 일 없이, 준비한 계획이 차질 없이 이루어져야 한다.

모두가 가까운 컨테이너 뒤에 몸을 숨겼다. 작은 무전기도 귀에 달았다. 보름달이 뜬 고요한 밤. 인형 뽑기 기계가 공사장 한복판에서 외로운 빛을 내뿜고 있었다. 과연 히트랩터가 이 한적한 공사장에 모습을 드러낼까. 만약 오늘 나타나지 않는다면? 인형들 속에 넣은 드라이아이스는 시간이 지나면 사라진다. 게다가 밤마다 공사장에서 보초를 설 수는 없는 노릇이다.

걱정으로 머리가 터질 듯한 김상욱 아저씨의 귓가에 건우가 속삭였다.

"히트랩터를 잡으면 인형 뽑기 해도 돼요?"

"넌 정말 포기를 모르는구나. 그나저나 너희들 춥지는 않니? 이것 좀 마셔."

아저씨는 가방에서 큼직한 보온병을 꺼냈다. 그리고 모두에게 차례대로 종이컵에 따뜻한 핫초코를 따라 주었다.

처음 보는 생명체가 주변을 살피며 인형 뽑기 기계를 향해 걸어오고 있었다. 모두가 숨을 멈췄다. 이데아 도감에서 확인했던 대로 히트랩터는 지금까지 만났던 이데아들 중에 가장 키도 크고 덩치도 컸다. 히트랩터의 근엄한 얼굴과 날카로운 발톱을 보자 애써 준비한 장치들이 한순간에 보잘것없이 느껴졌다.

다행히 히트랩터는 함정 구역의 널빤지를 지나 인형 뽑기 기계 앞으로 이끌리듯 걸어갔다. 인형 더미를 발견한 히트랩터의 표정이 금세 행복하게 변했다.

김상욱 아저씨는 쥐고 있던 밧줄을 태리에게 넘겨주고 이데아 캔을 들었다.

"신호를 주면 힘껏 당겨. 가시죠, 벨라 요원님."

"제가 왜요?"

"그럼 여긴 왜 오셨어요?"

"박사님이 같이 가자고 하셨잖아요. 늘 말씀드렸듯이 이데아 포획은 박사님의 임무입니다."

"알았어요, 알았어!"

아저씨는 후들거리는 다리로 컨테이너 앞으로 나섰다. 히트랩터를 향해 조심스레 한 걸음을 뗀 순간, 기계 앞에 서 있던 히트랩터의 몸이 불덩어리처럼 타올랐다.

아저씨는 입을 틀어막으며 바닥에 납작 엎드렸다. 인형들에게 마음을 빼앗긴 히트랩터는 사람들이 자신을 지켜보고 있다는 것을 눈치채지 못했다. 불덩어리가 된 히트랩터는 그대로 유리를 통과해 기계 속으로 들어갔다.

방긋

치익

치이익
이게
왜 이러지?
치이익

이것도?
슈우욱
이것도?
치이익
이것도?
슈우욱

대체 왜
이러는 거야!
허둥
지둥

당황

지금이야, 태리야!
밧줄을 당겨!
다급
네!

태리가 밧줄을 잡아당겼지만 각목은 꿈쩍도 하지 않았다.

"으, 왜 이러지? 널빤지가 너무 무겁나 봐요!"

"같이 당겨!"

벨라 요원도 재빨리 밧줄을 쥐었다. 해나와 건우도 밧줄을 잡고 끌어당겼지만 각목은 여전히 조금도 움직이지 않았다.

벨라 요원이 대답했다.

"벨라 요원입니다, 박사님. 히트랩터의 몸무게가 너무 무거워서 각목이 안 빠지는 거예요."

"으아, 그러면 어떡해요!"

그 순간, 김상욱 아저씨의 인기척을 느낀 히트랩터가 고개를 돌렸다. 둘의 눈이 마주쳤다. 귀여운 인형들이 또다시 불탄 데다가 드라이아이스 공격까지 받은 히트랩터는 분노가 머리끝까지 치솟아 있었다. 아저씨는 비명 한번 지르지 못한 채 온몸을 부들부들 떨었다. 이데아 캔을 가지고 있었지만 히트랩터에게 다가갔다가는 어떤 일을 당할지 모른다.

저건 또 뭐야.
어제부터 성가시게
하네.
물끄럼

저벅
저벅

안 돼, 오지 마!
손사레
널빤지 밖으로
나오면 안 된다고!
?
어떡해, 건우야!
생각 좀 해 봐!

저거예요, 벨라 아줌마.
트럭 뒤에 밧줄을
묶고 달려요!
획

두둥

벨라 요원이 트럭 쪽으로 부리나케 뛰었다. 해나와 태리는 벨라 요원이 시동을 거는 동안 밧줄을 들고 달려가 트럭 뒤에 달린 고리에 묶었다. 건우도 바쁘게 움직였다. 휴대폰으로 눈사람 동요를 검색한 뒤, 음량을 최대한 키웠다. 공사장 한복판에 경쾌한 동요가 울려 퍼졌다.

두꺼운 우주복 속에서 땀이 폭포처럼 쏟아졌다. 두려움으로 기절하기 직전이었지만 아저씨는 동요 가사에 맞춰 두 팔을 귀엽게 흔들며 경쾌한 발걸음을 뗐다.

히트랩터와 아저씨의 거리가 가까워지자 마침내 아저씨의 온전한 모습이 히트랩터의 눈에 들어왔다.

지금껏 귀여운 눈사람인 줄 알았건만 히트랩터의 두 눈동자가 충격과 분노로 커다래졌다.

히트랩터가 사나운 울음소리를 내뱉었다. 그리고 자신을 속인 가짜 눈사람을 향해 최고 온도의 열에너지를 내뿜기 위해 숨을 들이마셨다. 아저씨의 눈에 눈물이 맺혔다. 이렇게 끝인가.

우당탕 소리와 함께 널빤지와 히트랩터의 모습이 아래로 사라졌다. 히트랩터는 널빤지와 뒤엉킨 채 액체질소가 가득 찬 통 속으로 떨어졌다. 히트랩터의 열에너지를 영하 200도의 액체질소가 빼앗았다.

팟
우당탕

첨벙
첨벙
저벅

이제
끝이야!
슈우우웅

엄청난 빛과 함께 히트랩터가 이데아 캔 속으로 빨려 들어갔다. 벨라 요원은 뚜껑을 시계 반대 방향으로 돌려 닫았다. 아이들이 기쁨의 함성을 내질렀다.

블랙과 화이트가 이데아 캔을 향해 돌진했다. 갑작스러운 상황에 모두가 당황한 순간, 익숙한 울음소리가 들렸다.

냐아아아옹

또또는 혼자가 아니었다. 지금까지 김상욱 아저씨가 돌봐 줬던 모든 길고양이들이 함께했다. 벨라 요원과 아이들은 멍한 얼굴로 그 광경을 지켜봤다. 굳이 나설 필요는 없었다. 또또와 길고양이들이 블랙과 화이트를 실컷 혼내 주고 있었으니까.

어떻게 된 거야,
또또? 우리를 도와주려고
따라온 거야?

탁

또또…?
여긴 어떻게….
쓰담

쓰담
야옹.

이번에도 무사히 이데아를 포획하는 데 성공했다. 또또가 아저씨의 뺨에 머리를 댔다. 지칠 대로 지친 아저씨의 눈이 스르르 감겼다. 두려움은 더 이상 없었다. 또또와 벨라 요원, 그리고 세 아이들이 아저씨를 지켜 주고 있었으니까.

다음 날 오후, 김상욱 아저씨와 아이들은 이데아 도감을 펼친 채 가게에 모여 있었다. 아저씨의 허벅지 위에서는 또또가 갸르릉 소리를 내며 졸고 있었다. 이제 또또와 김상욱 아저씨도 제법 친해진 걸까.

"정신이 없긴 했지만 '이데아'라는 단어는 나도 똑똑히 들었어. 우리 말고도 이데아의 존재를 알고, 이데아를 노리는 사람들이 있다는 뜻이겠지. 아무래도 이룩한 박사님을 납치한 조직이 아닐까 싶어. 앞으로는 더 주의를 기울여야겠어."

그때, 가게 안으로 처음 보는 아주머니가 들어왔다. 아이들은 펼쳐 놓았던 이데아 도감을 재빨리 덮었다.

김상욱 아저씨가 말했다.

"식사하러 오셨나요? 아직 음식 준비가 안 됐는데 어쩌죠."

아주머니의 시선이 또또에게 향했다. 아주머니는 김상욱 아저씨에게 사진을 보여 주었다.

"제가 몇 달 전에 고양이를 잃어버렸어요. 부스스한 헤어스타일을 한 고양이예요. 이 분식집에 고양이가 있다는 걸 인터넷에서 봤는데, 제가 잃어버린 고양이와 너무 닮아서……."

또또는 아저씨의 다리 위에서 기지개를 켰다. 그러더니 바닥으로 뛰어내려 아주머니에게 가서 다리에 몸을 비볐다.

아주머니가 김상욱 아저씨를 향해 연거푸 고개를 숙였다.

"이렇게 잘 돌봐주셔서 감사합니다. 사장님이 없었으면 다시는 해피를 못 만났을 거예요. 다시 해피를 데려가도 될까요?"

갑작스러운 이별 소식에 아이들의 눈에 눈물이 맺혔다.

김상욱 아저씨도 섭섭함을 꾹 참으며 말했다.

"그럼요. 이제라도 주인을 찾아서 정말 다행이네요."

또또도 작별 인사를 하려는 듯 아저씨의 품속으로 뛰어올랐다. 또또는 맑은 눈으로 아저씨를 쳐다보며 야옹거렸다.

잠시나마 또만나 떡볶이를 빛내 준 또또에게 다들 한마음이 되어 작별을 고했다. 또또도 모두를 마음속에 담아 두려는 듯 오랫동안 쉬지 않고 야옹거렸다.

열을 막아라!
: 단열

오늘의 연구 대상

아저씨가 따뜻한 핫초코를 준비해 주셨어.
은근히 다정하신 편이란 말이지.
그런데 보온병에 든 핫초코는 어떻게 아직 따뜻한 걸까?

오늘의 일지

열의 전달을 막는 단열

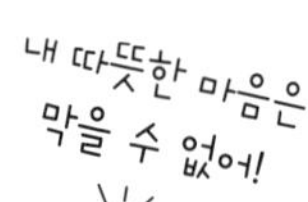

소리 이데아 하니를 잡았을 때 기억나니? 하니는 방음의 원리를 이용해 손쉽게 잡을 수 있었어. 진동을 흡수하거나 난반사시켜서 진동이 전달되지 못하도록 계란판을 방음재로 사용했었지.

그렇다면 열도 다른 곳으로 전달되지 못하도록 막을 수 있을까? **두 물질 사이에서 열의 전달을 줄이는 것을 단열**이라고 해. 단열에는 어떤 방법이 쓰이는지 알아보자!

생활 속 단열

단열은 열의 전달을 줄이는 것으로, **열의 전달을 방해하거나 열을 잘 전달하지 않는 재료를 사용**한단다. 보통 단열이라고 하면 물질이 열에너지를 빼앗겨 차가워지는 것을 막는 것만 생각하기 쉬워. 하지만 차가운 물질이 열에너지를 흡수해 뜨거워지는 것을 막는 것도 단열에 속한단다.

열 자체의 전달을 방해

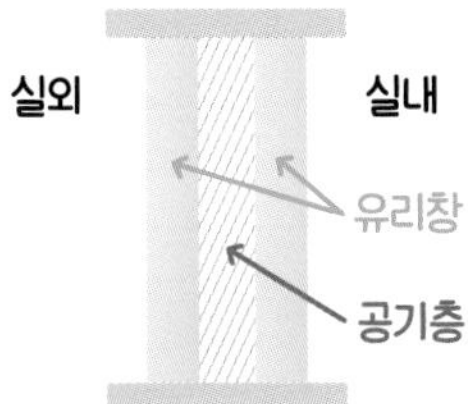

예 이중창: 유리와 유리 사이의 공기층이 외부의 열에너지가 실내로 유입되거나 내부의 열에너지가 바깥으로 손실되지 못하게 막아서 내부의 온도를 일정하게 유지

열의 전달을 막는 재료 사용

예 아이스박스: 열이 잘 전달되지 않는 재료인 스티로폼을 사용하여 외부의 열에너지가 아이스박스 내부로 유입되는 것을 막아 아이스박스에 들어 있는 음식물을 차갑게 유지

단열은 왜 해야 할까?

단열은 단순히 추운 겨울을 따뜻하게 보내기 위해서 필요한 것만은 아니야. 그 이외에도 단열을 해야 하는 중요한 이유들이 있단다.

① **에너지 절약** : 냉방, 난방 과정에서 손실되는 에너지를 최소화해 에너지 절약

② **환경 보호** : 냉난방 기기 작동에 필요한 전기를 만들 때 배출되는 온실가스가 감소하여 환경 보호에 기여

③ **비용 절감** : 전기세 등의 비용 절감

오늘의 연구 결과

열의 전달을 줄이는 것이 단열의 핵심이다!

또또야, 고마웠어! 행복해야 해!

물리 이데아 ·도감·

NO.5

히트랩터

열 이데아

싫어하는 것

귀엽지 않은 것

좋아하는 것

귀여운 동물이나 물건

특성

열에너지를 입으로 자유롭게 분출하고 흡수할 수 있다.
귀여운 것을 보면 열에너지가 치솟으며 몸이 엄청난 고온이 된다.
이때는 절대로 가까이 가지 말 것!

키

140센티미터

몸무게

200킬로그램

히트랩터가 일으킨 문제 분석

문제점	원인	질문
①등을 그을린 또또와 길고양이들 ②뚫린 샤방샤방 선물가게의 유리문 ③불타버린 인형	열의 전달	물질에 열만 전달되면 불에 타는 걸까요? 아니, 물질이 타려면 산소가 필요해. 대상 물질, 발화점 이상의 온도, 산소가 있어야 불이 붙지.
④꽁꽁 얼어버린 마 회장 ⑤스케이트장으로 변한 광장	상태 변화	물질이 얼면 질량이 늘어나나요? 아니, 물질이 얼면 단단해져서 질량이 늘어난 것으로 착각할 수 있지만 실제로 질량 자체에는 변화가 없어.

히트랩터 포획 작전

포획 팁	열 이데아 히트랩터는 드라이아이스와 액체질소가 주변의 열에너지를 빼앗는 원리를 활용해 잡을 수 있다.
준비물	거대한 인형 뽑기 기계, 인형, 드라이아이스, 액체질소
포획 방법	① 거대한 인형 뽑기 기계를 설치하고, 그 앞에 땅을 파서 액체질소 함정을 만든다. ② 인형 뽑기 기계 안에 드라이아이스가 들어간 인형을 넣는다. ③ 드라이아이스에 당황한 히트랩터가 함정 위로 올라온다. ④ 액체질소 함정에 히트랩터를 빠뜨린다. ⑤ 힘을 잃은 히트랩터 포획 성공!

열에너지를 빼앗는 드라이아이스, 액체질소의 원리를 활용해 이번에도 포획에 성공했어!

- 김상욱 아저씨

쿠키

무사히 문을 연 햇빛 동물원은 관람객들로 발 디딜 틈이 없었다. 김상욱 아저씨와 아이들도 솜사탕을 나눠 먹으며 동물들을 구경했다.

이번만큼은 김상욱 아저씨도 건우가 이끄는 대로 발걸음을 옮겼다. 건우가 아니었으면 인형 뽑기 기계는 생각도 하지 못했을 테니까.

아저씨는 투덜대면서도 소매를 걷어붙였다.

"좋아. 모든 물리 법칙을 총동원해서 여우 인형을 뽑아 주지!"

태리가 외쳤다.

"다음은 저예요! 토끼 인형 뽑아 주세요!"

해나도 이 기회를 놓칠 수 없었다.

"저는 고양이 인형이 마음에 들어요."

"좋아, 접수 완료. 일단 여우 인형부터!"

꿀꺽

흔들

됐어,
이제 누른다!

흔들

조금만 더!

뭐예요! 과학자가
왜 이런 것도 못 해요!
탁
으앗
이번은 연습 게임!
이제 감 잡았어!
태리야,
가서 동전 좀
많이 바꿔 와!
쾅

인형들을 신중한 눈으로 살피던 해나가 마지막 동전 두 개를 집어 넣었다. 해나는 능숙한 손놀림으로 레버를 이리저리 움직였다. 집게가 고양이 인형 위에서 멈췄다. 해나는 숨을 들이마신 뒤 버튼을 눌렀다. 집게가 인형의 목을 향해 내려왔다.

착
간다, 간다!
흔들
덜컹
됐다, 성공!

오락실에 아이들의 뜨거운 함성이 울려 퍼졌다.

김상욱 아저씨가 머리를 긁적였다.

"도대체 어떻게 한 거니? 한 번에 성공해 내다니."

"간단해요. 머리가 몸통보다 큰 인형은 목 부분을 잡으면 손쉽게 뽑을 수 있대요. 텔레비전에서 봤어요."

"엥? 지금 우시는 거예요?"

태리가 아저씨의 어깨를 토닥였다.

"울지 마세요, 아저씨. 다른 고양이를 입양하면 어떨까요?"

"됐거든? 울긴 누가 울어! 귀찮은 녀석이 없어지니 속이 다 시원하다. 자, 얘들아. 이제 슬슬 집에 가자."

해가 저물기 시작한 하늘에 유난히 또또를 닮은 구름이 흘러갔다. 아이들은 한동안 구름에서 눈을 떼지 못했다. 어딘가에서 행복하게 살아갈 또또와 다음에 나타날 새로운 이데아를 생각하며.

6권 미리보기

건우가 햇빛 태권도장에서 가져온
'건강 쑥쑥 수련회' 팸플릿!

햇빛 태권도장
건강 쑥쑥 수련회

건강
쑥쑥

널찍한 수영장
맛있는 식사
체력 단련장

친구 초대 OK! ☎ ◎◎◎-◎◎◎-◎◎◎◎

매일같이 반복되는 김상욱 아저씨의 잔소리에 지친 태리와 해나는,

김상욱 아저씨를 홀로 두고 주말 동안 건우와 함께 수련회에 가기로 한다!

토라져 버린 김상욱 아저씨는 그대로 아이들을 떠나보내는데……!

조용하고 평화로운 시간을 바라던 김상욱 아저씨!
잔소리에서 벗어나고 싶은 태리, 해나, 건우!
과연 완벽한 주말을 보낼 수 있을까?

교과 연계

초등 | 3학년 2학기 | 4. 물질의 상태
초등 | 4학년 2학기 | 2. 물의 상태 변화
초등 | 5학년 1학기 | 2. 온도와 열
중등 | 1학년 2학기 | 5. 물질의 상태 변화
중등 | 2학년 1학기 | 8. 열과 우리 생활

기획 김상욱 | **글** 김하연 | **그림** 정순규 | **자문** 강신철

1판 1쇄 인쇄 2024년 10월 30일
1판 1쇄 발행 2024년 11월 20일

펴낸이 김영곤
기획개발 이장건 김의헌 박예진 박고은 서문혜진 김혜지 이지현
아동마케팅팀 장철용 명인수 손용우 양슬기 최윤아 송혜수 이주은
영업팀 변유경 김영남 강경남 황성진 김도연 권채영 전연우 최유성
디자인 김단아
제작팀 이영민 권경민

펴낸곳 ㈜북이십일 아울북
출판등록 2000년 5월 6일 제406-2003-061호
주소 (10881) 경기도 파주시 회동길 201(문발동)
대표전화 031-955-2100 **팩스** 031-955-2177 **홈페이지** www.book21.com

ISBN 979-11-7117-105-7 74400
ISBN 979-11-7117-100-2 74400 (세트)

• 제조자명 : (주)북이십일
• 주소 및 전화번호 : 경기도 파주시 문발동 회동길 201(문발동) / 031-955-2100
• 제조년월 : 2024.11
• 제조국명 : 대한민국
• 사용연령 : 3세 이상 어린이 제품

• **이미지 출처** 게티이미지코리아(23쪽, 41쪽, 67쪽, 87쪽, 115쪽, 149쪽)